山东省水利水电工程施工机械台班费定额

山东省水利厅　发布

2022-11-21 发布　　　　2023-05-01 实施

中国水利水电出版社
www.waterpub.com.cn
·北京·

图书在版编目（CIP）数据

山东省水利水电工程施工机械台班费定额 / 山东省水利厅发布. -- 北京 : 中国水利水电出版社, 2023.3
ISBN 978-7-5226-1432-8

Ⅰ. ①山… Ⅱ. ①山… Ⅲ. ①水利水电工程一工程施工一施工机械一费用一工时定额一山东 Ⅳ. ①TV512

中国国家版本馆CIP数据核字(2023)第038062号

书　　名	**山东省水利水电工程施工机械台班费定额** SHANDONG SHENG SHUILI SHUIDIAN GONGCHENG SHIGONG JIXIE TAIBANFEI DING'E
作　　者	山东省水利厅　发布
出版发行	中国水利水电出版社 （北京市海淀区玉渊潭南路1号D座　100038） 网址：www. waterpub. com. cn E-mail：sales@mwr. gov. cn 电话：(010) 68545888（营销中心）
经　　售	北京科水图书销售有限公司 电话：(010) 68545874、63202643 全国各地新华书店和相关出版物销售网点
排　　版	中国水利水电出版社微机排版中心
印　　刷	清淞永业（天津）印刷有限公司
规　　格	140mm×203mm　32开本　3.5印张　88千字
版　　次	2023年3月第1版　2023年3月第1次印刷
印　　数	0001—2600册
定　　价	**45.00元**

凡购买我社图书，如有缺页、倒页、脱页的，本社营销中心负责调换

山东省水利厅文件

鲁水建函字〔2022〕69 号

山东省水利厅关于发布山东省水利水电工程预算定额及设计概（估）算编制办法的通知

各市水利（水务）局，厅机关各处室、厅直属各单位，各有关单位：

为加强全省水利工程造价管理，进一步规范水利工程造价计价依据，合理确定和有效控制工程投资，提高资金使用效益，省水利厅组织修编了 2022 版《山东省水利水电工程设计概（估）算编制办法》《山东省水利水电建筑工程预算定额（上、下册）》《山东省水利水电设备安装工程预算定额》《山东省水利水电工程施工机械台班费定额》，现予以发布，自 2023 年 5 月 1 日起执行。

原《山东省水利厅关于发布山东省水利水电工程预算定额及设计概（估）算编制办法的通知》（鲁水建字〔2015〕3 号）发布的 2015 版《山东省水利水电工程设

计概（估）算编制办法》《山东省水利水电建筑工程预算定额（上、下册）》《山东省水利水电设备安装工程预算定额》《山东省水利水电工程施工机械台班费定额》以及《山东省水利厅关于发布山东省水利水电工程营业税改征增值税计价依据调整办法的通知》（鲁水建字〔2016〕5号）、《山东省水利厅关于调整山东省水利水电工程计价依据增值税计算标准的通知》（鲁水建函字〔2019〕33号）、《山东省水利厅关于调整山东省水利水电工程安全文明生产措施费计算方法的通知》（鲁水建函字〔2021〕27号）等有关通知自执行之日起废止。

此次发布的设计概（估）算编制办法及预算定额由山东省水利厅负责管理并解释。在执行过程中如有问题请及时函告山东省水利厅。

联系人：徐田峰，联系电话：0531－51767138。

山东省水利厅

2022年11月18日

山东省水利厅办公室　　　　2022年11月21日印发

主编单位　山东省水利厅

编制单位　山东省水利勘测设计院有限公司

主　　编　王祖利

副 主 编　凌九平　张修忠　王锡利　杜珊珊
李贵清　梅泽本

编制人员　邵志豪　李　昕　贾利青　于文蓬
聂　晶　徐田峰　曹坤宇　陈淑媛
张书花　孙承福　张　盈

参编人员　魏振峰　王　昊　徐　胜　周广科
郭　静　曲英杰　刘　晗　韩鸿雁
刘　帆

咨询专家　尚友明　孙湘琴　王例珊　黄海波
刘　凯　黄　璐　张旭春　纪仁卿
高印军　于梅开

说　明

一、本定额适用于山东省水利水电建筑安装工程。内容包括：土石方机械、混凝土机械、运输机械、起重机械、钻孔灌浆机械、工程船舶、动力机械及其他机械共八类。

二、本定额以台班为计量单位。

三、本定额由两类费用组成：

一类费用包括折旧费、修理费及替换设备费（含大修理费、经常性修理费）和安装拆卸费，按 2022 年度价格水平计算并用金额表示。

二类费用包括机上人工费和动力、燃料或消耗材料费，以工日数量和实物消耗量表示，其费用按规定的人工预算单价和工程所在地的物价水平分别计算。

四、各类费用的定义及取费原则：

施工机械使用费指消耗在建筑安装工程项目上的机械磨损、维修和动力燃料费用等。包括折旧费、修理费、替换设备费、安装拆卸费、机上人工费和动力燃料或消耗材料费等。

（1）折旧费：指施工机械在规定使用年限内回收原值的台班折旧摊销费用。

（2）修理及替换设备费：指机械使用过程中，为了使机械保持正常功能而进行修理所需费用、日常保养所需的润滑油料费、擦拭用品费、机械保管费以及替换设备、随机使用的工具附具等所需的台班摊销费。

（3）安装拆卸费：简称安拆费指施工机械进出工地的安装、拆卸、试运转和场内转移及辅助设施的摊销费用。不需要安装拆卸的施工机械，台班费中不计列此项费用。

(4) 机上人工费：简称人工费指施工机械使用时机上操作人员的工日消耗，包括机械运转时间、辅助时间、用餐、交接班以及必要的机械正常中断时间。

(5) 动力、燃料或消耗材料：指施工机械正常运转所需的风(压缩空气)、水、电、油及煤等，其中，机械消耗电量包括机械本身和最后一级降压变压器低压侧至施工用电点之间的线路损耗，风、水消耗包括机械本身和移动支管的损耗。

五、本定额中大型施工机械未列安装拆卸费，其费用在“其他施工临时工程”中解决。

六、本定额中单斗挖掘机台班费均适用于正铲和反铲。

目　录

一、土石方机械

项目		单位	单斗挖掘机								装载机				
			轮胎式	液压							轮胎式				履带式
			斗容/m^3												
			0.35	0.6	1	1.6	2	2.5	3	4	1	1.5	2	3	0.8
（一）	折旧费	元	64.69	87.03	150.99	310.83	407.13	436.96	626.48	945.81	36.84	45.53	100.91	124.16	249.35
	修理费	元	61.49	107.29	124.79	225.54	255.27	323.29	365.47	496.40	38.17	46.95	83.03	106.46	160.56
	安拆费	元		7.98	12.86	20.67	24.78	26.10							
	小计	元	126.18	202.30	288.34	557.04	687.18	786.35	991.95	1442.21	75.01	92.48	183.94	230.62	409.91
（二）	人工	工日	1.00	2.00	2.00	2.00	2.00	2.00	2.00	2.00	1.00	1.00	1.00	1.00	1.00
	汽油	kg													
	柴油	kg	33.38	40.56	64.38	96.19	129.15	142.66	168.46	190.94	49.01	54.82	70.42	110.02	54.45
	电	kW·h													
	风	m^3													
	水	m^3													
定额编号			1001	1002	1003	1004	1005	1006	1007	1008	1009	1010	1011	1012	1013

续表

项目		单位	推土机									
			功率/kW									
			55	59	74	88	103	118	132	150	162	176
（一）	折旧费	元	19.30	27.94	56.96	97.76	124.90	156.87	158.43	208.07	268.61	300.17
	修理费	元	49.64	49.91	105.99	167.47	170.37	201.02	206.17	219.02	293.26	303.17
	安拆费	元	2.37	2.54	5.35	6.96	7.93	9.42	10.21	10.86	14.82	15.61
	小计	元	71.31	80.39	168.30	272.19	303.20	367.31	374.81	437.95	576.69	618.95
（二）	人工	工日	1.50	1.50	1.50	1.50	1.50	1.50	1.50	1.50	1.50	1.50
	汽油	kg										
	柴油	kg	37.73	41.80	53.57	63.67	72.27	82.93	90.98	97.00	113.73	112.61
	电	kW·h										
	风	m^3										
	水	m^3										
定额编号			1014	1015	1016	1017	1018	1019	1020	1021	1022	1023

续表

项目		单位	拖拉机											
			履带式									手扶式	轮式	
			功率/kW											
			20	26	37	55	59	74	88	118	132	11	20	37
(一)	折旧费	元	4.73	5.77	12.09	12.96	20.20	43.69	53.34	64.87	77.59	3.41	8.28	21.88
	修理费	元	4.40	7.56	16.88	31.96	32.55	86.89	96.75	105.28	108.29	3.85	11.06	30.11
	安拆费	元	0.50	0.80	1.19	2.75	3.71	5.19	5.86	6.28	6.75	0.43		
	小计	元	9.63	14.13	30.16	47.67	56.46	135.77	155.95	176.43	192.63	7.69	19.34	51.99
(二)	人工	工日	1.00	1.00	1.00	1.50	1.50	1.50	1.50	1.50	1.50	1.00	1.00	1.00
	汽油	kg												
	柴油	kg	6.49	13.09	26.13	38.63	42.25	52.65	62.55	84.85	95.80	4.43	12.54	28.97
	电	kW·h												
	风	m^3												
	水	m^3												
定额编号			1024	1025	1026	1027	1028	1029	1030	1031	1032	1033	1034	1035

续表

项目		单位	铲运机			削坡机	平地机			轮胎碾	振动碾					
			拖式（无头）		自行式		自行式			无头	拖式		凸块			斜坡拖式
			斗容/m^3				功率/kW			重量/t						
			3	6～8	6～8	0.5	44	66	118	9～16	13～14	16	25	13～14	23	10
（一）	折旧费	元	20.08	22.35	95.13	161.83	14.71	82.00	171.93	62.18	71.47	72.24	132.69	273.74	356.82	75.13
	修理费	元	43.56	50.77	220.49	57.52	23.71	137.67	190.44	41.31	36.31	36.61	66.04	178.30	178.40	34.76
	安拆费	元	4.02	7.20		8.55										
	小计	元	67.66	80.32	315.62	227.90	38.42	219.67	362.37	103.49	107.78	108.85	198.73	452.04	535.22	109.89
（二）	人工	工日			2.00	2.00	2.00	2.00	2.00					2.00	2.00	
	汽油	kg														
	柴油	kg			54.14	42.34	32.84	54.29	71.29		46.53	47.50	81.50	80.38	81.90	43.13
	电	kW·h														
	风	m^3														
	水	m^3														
定额编号			1036	1037	1038	1039	1040	1041	1042	1043	1044	1045	1046	1047	1048	1049

续表

项目		单位	羊脚碾			压路机					刨毛机	蛙式打夯机	强夯机械	
						内燃			全液压	手扶式双滚轮				
			重量/t									功率/kW	kN·m	
			5～7	8～12	12～18	6～8	8～10	12～15	10～12	VT-600C		2.8	1200	2000
(一)	折旧费	元	7.86	9.40	12.49	15.13	17.13	45.71	48.96	32.79	33.10	0.78	329.75	467.07
	修理费	元	6.97	8.48	13.49	47.49	52.20	84.30	80.68	53.03	54.70	5.18	93.11	193.70
	安拆费	元									2.73			
	小计	元	14.83	17.88	25.98	62.62	69.33	130.01	129.64	85.82	90.53	5.96	422.86	660.77
(二)	人工	工日				1.50	1.50	1.50	1.50	0.80	1.50	1.00	2.00	2.00
	汽油	kg												
	柴油	kg				17.76	22.21	36.51	22.89	1.56	30.60		32.75	42.76
	电	kW·h										5.62		
	风	m^3												
	水	m^3												
定额编号			1050	1051	1052	1053	1054	1055	1056	1057	1058	1059	1060	1061

续表

项目		单位	强夯机械			风钻		风镐	潜 孔 钻				液压履带钻
			kN·m						型号				孔径/mm
			3000	4000	5000	手持式	气腿式	手持式	80 型	100 型	150 型	200 型	$\phi64 \sim \phi102$
(一)	折旧费	元	630.94	722.38	806.90	0.61	0.96	0.26	56.09	61.13	128.96	185.04	504.94
	修理费	元	261.67	299.56	334.61	9.44	12.01	7.65	118.40	132.55	262.54	340.29	283.22
	安拆费	元							2.75	3.38	7.31	8.93	8.02
	小计	元	892.61	1021.94	1141.51	10.05	12.97	7.91	177.24	197.06	398.81	534.26	796.18
(二)	人工	工日	2.00	2.00	2.00				1.00	1.00	1.00	1.00	1.00
	汽油	kg											
	柴油	kg	55.27	68.22	80.92								49.14
	电	kW·h							97.78	117.63	130.54	143.01	
	风	m^3				771.76	1070.65	318.25	1758.00	1941.14	3321.66	4037.65	
	水	m^3				1.19	1.72						
定额编号			1062	1063	1064	1065	1066	1067	1068	1069	1070	1071	1072

续表

项目		单位	液压履带钻	电钻	凿岩台车		爬罐	液压平台车	装岩机			扒渣机	
			孔径/mm	功率/kW	液压		电动		风动		立爪式	立爪式	
									斗容/m^3		m^3/h	生产率/(m^3/h)	
			ϕ102～ϕ127	1.5	二臂	三臂	STH－5E		0.12	0.26	100	100	120
(一)	折旧费	元	554.87	1.85	841.04	1598.53	570.74	93.01	11.22	23.54	177.51	161.51	196.68
	修理费	元	303.66	2.69	629.35	1182.60	486.85	87.24	29.24	33.27	71.55	66.27	79.66
	安拆费	元	8.14		19.45	32.52	11.30		1.18	2.10	3.63	2.40	2.92
	小计	元	866.67	4.54	1489.84	2813.65	1068.89	180.25	41.64	58.91	252.79	230.18	279.26
(二)	人工	工日	1.00		4.00	5.00	4.00	1.50	1.00	2.00	2.00	2.00	2.00
	汽油	kg											
	柴油	kg	52.92		14.51	34.55		68.90					
	电	kW·h		5.35	347.14	535.90	32.66				87.94	83.16	123.98
	风	m^3					1216.25		1049.67	2384.29			
	水	m^3			14.32	21.66	13.82						
定额编号			1073	1074	1075	1076	1077	1078	1079	1080	1081	1082	1083

续表

项目		单位	扒渣机	锚杆台车	锚杆钻机	水枪	水力冲挖机组高压水枪	缺口耙	单齿松土器	犁
			蟹爪式							无头
			功率/kW							三铧
			55	435H	MZ65Q	陕西20型	D65mm 2支	无头		
(一)	折旧费	元	205.47	1135.83	26.35	2.90	2.69	2.96	24.90	2.35
	修理费	元	144.54	648.77	50.44	9.08	5.84	9.07	68.17	8.51
	安拆费	元	20.74	15.25	1.94					0.90
	小计	元	370.75	1799.85	78.73	11.98	8.53	12.03	93.07	11.76
(二)	人工	工日	2.00	5.00	1.00	1.00	2.00			
	汽油	kg								
	柴油	kg		13.20						
	电	kW·h	150.07	352.00						
	风	m^3			1914.00					
	水	m^3								
定额编号			1084	1085	1086	1087	1088	1089	1090	1091

续表

项目		单位	犁	吊斗（桶）		土工布缝边机	土工膜热焊机	开沟机双链	液压喷播植草机	泥水平衡顶管机	
			无头	斗容/m^3						直径/mm	
			五铧	0.2~0.6	2		ZPR-210	HCK-500	4000L	ϕ800~ϕ1200	ϕ1350~ϕ1800
（一）	折旧费	元	3.30	1.74	3.79	0.29	8.77	11.98	2.43	887.66	957.80
	修理费	元	11.75	4.10	6.61	0.16	5.69	26.09	8.01	724.38	782.32
	安拆费	元	0.90					1.50	0.45	20.49	20.49
	小计	元	15.95	5.84	10.40	0.45	14.46	39.57	10.89	1632.53	1760.61
（二）	人工	工日				1.00	1.00	1.00	2.00	1.00	2.00
	汽油	kg							17.86		
	柴油	kg						22.40			
	电	kW·h				0.45	3.15			391.60	422.90
	风	m^3									
	水	m^3									
定额编号			1092	1093	1094	1095	1096	1097	1098	1099	1100

二、混 凝 土 机 械

项目		单位	砂浆搅拌机		混凝土搅拌机				强制式混凝土搅拌机				
			出料/L		出料/m^3				出料/m^3				
			200	400	0.25	0.4	0.8	1	0.25	0.35	0.5	0.75	1
(一)	折旧费	元	2.81	4.54	3.83	13.08	16.52	27.83	7.57	12.70	16.98	28.26	35.39
	修理费	元	3.94	7.28	9.65	22.90	27.34	42.01	15.49	18.95	28.53	61.06	70.89
	安拆费	元	2.43	2.50	2.60	4.07	6.09	11.03	4.37	5.30	7.71	16.97	17.44
	小计	元	9.18	14.32	16.08	40.05	49.95	80.87	27.43	36.95	53.22	106.29	123.72
(二)	人工	工日	1.00	1.00	1.00	1.00	1.00	1.00	1.00	1.00	1.00	1.00	1.00
	汽油	kg											
	柴油	kg											
	电	kW·h	5.85	8.05	19.78	33.71	67.08	96.81	40.24	66.34	131.63	135.22	179.43
	风	m^3											
	水	m^3											
定额编号			2001	2002	2003	2004	2005	2006	2007	2008	2009	2010	2011

续表

项目		单位	混凝土搅拌站					混凝土搅拌车		混凝土泵		混凝土泵车	
								轮胎式					
			出料（以内）/(m^3/h)					容积/m^3		输出量/(m^3/h)		排出量/(m^3/h)	
			15	25	40	50	60	3	6	30	60	47	80
（一）	折旧费	元	89.12	133.02	234.73	273.77	446.90	68.43	129.22	96.26	248.87	355.37	683.74
	修理费	元	60.72	98.67	142.08	183.94	244.26	127.92	323.02	120.08	171.74	171.49	292.99
	安拆费	元	65.54	84.76	129.85	182.28	319.99	8.48	20.98	14.34	17.54	24.68	37.27
	小计	元	215.38	316.45	506.66	639.99	1011.15	204.83	473.22	230.68	438.25	551.54	1014.00
（二）	人工	工日	4.00	4.00	5.00	6.00	7.00	1.00	1.00	1.00	1.00	2.00	2.00
	汽油	kg											
	柴油	kg						31.12	60.40			64.50	73.93
	电	kW·h	234.63	253.01	374.95	494.52	682.81			175.03	307.87		
	风	m^3											
	水	m^3											
定额编号			2012	2013	2014	2015	2016	2017	2018	2019	2020	2021	2022

续表

项目		单位	真空泵			水泥枪	混凝土喷射机		喷浆机	振捣（动）器				
										插入式				平板式
			功率/kW			生产率/(m^3/h)			L	功率/kW				
			4.5	7	22	1.2	4～5	6～10	75	1.1	1.5	2.2	4	2.2
（一）	折旧费	元	3.22	5.65	12.00	4.19	10.43	46.24	5.22	1.39	2.26	2.70	3.58	1.94
	修理费	元	11.21	15.82	26.88	11.65	14.48	42.39	24.97	7.19	11.35	11.76	14.14	6.56
	安拆费	元	1.00	1.45	3.06	1.39	1.01	3.58	1.95					
	小计	元	15.43	22.92	41.94	17.23	25.92	92.21	32.14	8.58	13.61	14.46	17.72	8.50
（二）	人工	工日	0.60	0.60	0.60	1.00	2.00	2.00	1.00					
	汽油	kg												
	柴油	kg												
	电	kW·h	16.50	24.72	81.38	4.28	23.62	66.50	9.96	3.28	3.89	6.66	13.50	6.56
	风	m^3				542.23	2330.04	6706.80	391.62					
	水	m^3												
定额编号			2023	2024	2025	2026	2027	2028	2029	2030	2031	2032	2033	2034

续表

项目		单位	变频机组	混凝土平仓振捣机	混凝土平仓机（挖掘臂式）	混凝土振动碾						
			容量/kVA	功率/kW								
			8.5	40	74	YZSIA	BW-75	BW90AD	BW120AD-3	BW-200	BW-202AD
（一）	折旧费	元	12.09	340.01	85.57	15.48	46.02	107.39	132.17	228.17	267.22
	修理费	元	44.93	253.06	257.14	15.82	29.56	53.62	65.56	202.70	240.57
	安拆费	元			10.23						
	小计	元	57.02	593.07	352.94	31.30	75.58	161.01	197.73	430.87	507.79
（二）	人工	工日		1.00	1.00	1.00	1.00	1.00	1.00	1.00	1.00
	汽油	kg									
	柴油	kg		38.00	47.80	4.64	6.50	12.75	20.50	37.73	50.25
	电	kW·h	22.87								
	风	m^3									
	水	m^3									
定额编号			2035	2036	2037	2038	2039	2040	2041	2042	2043

续表

项目		单位	压力水冲洗机	高压冲毛机	五刷头刷毛机	切缝机		保温罐
			PS－6.3	GCHJ50	PU－100	EX－100	55kW	容积 1.5m^3
(一)	折旧费	元	3.25	30.00	50.61	61.64	58.86	3.48
	修理费	元	4.71	54.46	48.02	51.78	57.90	3.79
	安拆费	元	0.74	6.30	4.07	5.82	12.56	1.70
	小计	元	8.70	90.76	102.70	119.24	129.32	8.97
(二)	人工	工日	1.00	1.00	1.00	1.00	1.00	
	汽油	kg						
	柴油	kg			10.13	31.06		
	电	kW·h	32.37	170.83			144.98	
	风	m^3						
	水	m^3						
定额编号			2044	2045	2046	2047	2048	2049

续表

项目		单位	沥青混凝土专用设备							
			滚动烘干机	强制搅拌机组	沥青混凝土搅拌机	摊铺机				沥青混凝土振动碾/t
			ϕ1200×L5000	WH30	0.15	TX150	LT6B	GTLY750	DF130C	1.5
(一)	折旧费	元	57.30	248.61	12.35	30.65	119.77	324.26	1301.13	13.38
	修理费	元	35.34	151.37	7.43	12.72	48.38	115.01	292.62	9.77
	安拆费	元	9.16	34.64	2.04	3.60	11.48	19.61	47.59	
	小计	元	101.80	435.12	21.82	46.97	179.63	458.88	1641.34	23.15
(二)	人工	工日	1.00	4.00	1.00	1.00	1.00	1.00	1.00	1.00
	汽油	kg								
	柴油	kg		658.13		13.50	26.66	75.00	124.27	
	电	kW·h	154.50	470.40	30.86					56.00
	风	m^3								
	水	m^3								
定额编号			2050	2051	2052	2053	2054	2055	2056	2057

续表

项目		单位	混凝土罐			风（砂）水枪	高压无气喷涂泵	针梁模板台车		钢模台车			
			容积/m^3			耗风量/(m^3/min)		衬砌后洞径/m		衬砌后断面积/m^2			
			1	2	3	6		4	6	10	20	40	70
（一）	折旧费	元	2.17	3.57	15.65	0.96	2.25	336.35	560.87	82.72	186.76	374.63	591.63
	修理费	元	12.58	12.86	18.67	2.55	3.10	79.72	132.43	26.80	58.20	86.01	144.91
	安拆费	元					3.06						
	小计	元	14.75	16.43	34.32	3.51	8.41	416.07	693.30	109.52	244.96	460.64	736.54
（二）	人工	工日					1.00	3.00	3.00	3.00	3.00	3.00	3.00
	汽油	kg											
	柴油	kg											
	电	kW·h					8.45	30.40	39.47	21.15	26.55	35.63	42.75
	风	m^3				885.00							
	水	m^3				17.75							
定额编号			2058	2059	2060	2061	2062	2063	2064	2065	2066	2067	2068

续表

项目		单位	滑模台车									滑模衬砌机	混凝土吊罐		
			溢流面		混凝土面板		竖井						容积/m^3		
			分缝宽度/m				衬砌后直径/m								
			≤10	>10	≤10	>10	5	7	10	13	15		1	2	3
(一)	折旧费	元	364.26	546.35	223.95	353.57	307.82	659.85	1131.30	1482.50	2052.19	674.84	2.17	3.57	9.34
	修理费	元	68.53	103.30	84.19	132.97	56.64	105.77	185.08	238.37	304.83	212.50	13.42	15.29	30.36
	安拆费	元													
	小计	元	432.79	649.65	308.14	486.54	364.46	765.62	1316.38	1720.87	2357.02	887.34	15.59	18.86	39.70
(二)	人工	工日	2.00	2.00	2.00	2.00	5.00	5.00	5.00	5.00	5.00	6.00			
	汽油	kg													
	柴油	kg													
	电	kW·h	80.13	94.88	75.13	85.00	76.12	112.00	160.00	203.00	258.33	209.00			
	风	m^3													
	水	m^3													
定额编号			2069	2070	2071	2072	2073	2074	2075	2076	2077	2078	2079	2080	2081

三、运输机械

项目		单位	载重汽车									
			载重量/t									
			2	2.5	4	5	6.5	8	10	12	15	18
(一)	折旧费	元	16.80	18.03	24.44	27.50	39.41	55.79	74.89	80.09	100.10	106.52
	修理费	元	34.67	39.18	41.32	41.91	56.24	72.14	81.32	104.60	116.58	123.78
	安拆费	元										
	小计	元	51.47	57.21	65.76	69.41	95.65	127.93	156.21	184.69	216.68	230.30
(二)	人工	工日	1.00	1.00	1.00	1.00	1.00	1.00	1.00	1.00	1.00	1.00
	汽油	kg	16.73	20.30	29.00	31.39						
	柴油	kg					31.07	34.87	40.54	44.91	48.60	51.22
	电	kW·h										
	风	m^3										
	水	m^3										
定额编号			3001	3002	3003	3004	3005	3006	3007	3008	3009	3010

续表

项目		单位	自卸汽车												
			载重量/t												
			1.5	3.5	5	8	10	12	15	18	20	25	27	32	45
(一)	折旧费	元	13.54	26.37	34.15	78.47	94.75	100.51	133.36	149.25	170.39	387.83	493.57	775.65	916.61
	修理费	元	15.15	18.15	27.92	62.70	84.52	102.42	114.12	115.99	116.50	314.54	351.58	428.02	455.24
	安拆费	元													
	小计	元	28.69	44.52	62.07	141.17	179.27	202.93	247.48	265.24	286.89	702.37	845.15	1203.67	1371.85
(二)	人工	工日	1.00	1.00	1.00	1.00	1.00	1.00	1.00	1.00	1.00	1.00	1.00	1.25	1.00
	汽油	kg	24.43	28.61											
	柴油	kg			33.55	41.34	49.97	56.15	60.00	66.35	73.27	93.58	99.73	114.98	169.33
	电	kW·h													
	风	m^3													
	水	m^3													
定额编号			3011	3012	3013	3014	3015	3016	3017	3018	3019	3020	3021	3022	3023

续表

项目		单位	平板挂车								汽车拖车头
			载重量/t								牵引量/t
			10	20	30	40	50	60	80	100	10
(一)	折旧费	元	26.50	35.69	45.77	63.86	118.35	78.85	110.47	203.65	34.05
	修理费	元	21.86	28.04	29.97	40.12	127.57	48.90	68.21	219.37	47.16
	安拆费	元									
	小计	元	48.36	63.73	75.74	103.98	245.92	127.75	178.68	423.02	81.21
(二)	人工	工日									1.00
	汽油	kg									31.45
	柴油	kg									
	电	kW·h									
	风	m^3									
	水	m^3									
定额编号			3024	3025	3026	3027	3028	3029	3030	3031	3032

续表

项目		单位	汽车拖车头							洒水车
			牵引量/t							容积/m^3
			20	30	40	50	60	80	100	2.5
(一)	折旧费	元	75.92	72.00	107.51	133.83	145.48	352.52	407.22	16.31
	修理费	元	65.93	78.30	113.50	144.14	197.61	249.35	396.58	17.02
	安拆费	元								
	小计	元	141.85	150.30	221.01	277.97	343.09	601.87	803.80	33.33
(二)	人工	工日	1.00	2.00	2.00	2.00	2.00	2.00	2.00	1.00
	汽油	kg								
	柴油	kg	38.61	47.44	56.19	59.60	68.79	81.45	79.40	14.42
	电	kW·h								
	风	m^3								
	水	m^3								
定额编号			3033	3034	3035	3036	3037	3038	3039	3040

续表

项目		单位	洒水车			洒水汽车	加油车	油罐汽车		沥青洒布车	胶轮车	机动翻斗车	电瓶搬运车
			容积/m^3			容积/L	容积/m^3					载重量/t	
			4	4.8	8	5000	8	4	4.8	3.5		1	
(一)	折旧费	元	32.01	38.66	39.11	89.56	108.66	28.16	31.81	28.09	0.70	5.39	3.25
	修理费	元	43.36	55.21	59.84	217.83	118.74	25.39	34.70	76.61	2.58	6.72	3.45
	安拆费	元											
	小计	元	75.37	93.87	98.95	307.39	227.40	53.55	66.51	104.70	3.28	12.11	6.70
(二)	人工	工日	1.00	1.00	1.00	1.00	1.00	1.00	1.00	1.00		1.00	1.00
	汽油	kg				34.29				29.93			
	柴油	kg	28.01	33.92	36.36		45.05	28.53	31.42			5.14	
	电	kW·h											16.67
	风	m^3											
	水	m^3											
定额编号			3041	3042	3043	3044	3045	3046	3047	3048	3049	3050	3051

续表

项目		单位	电瓶机车		平车			矿车	V形斗车		螺旋输送机
			重量/t		窄轨						
					载重量/t			容积/m^3			直径×长度/(mm×m)
			5	8	2	5	10	3.5	0.6	1	168×5
(一)	折旧费	元	32.37	43.89	4.16	5.30	6.84	7.53	1.39	2.98	1.65
	修理费	元	30.74	37.41	1.30	1.80	2.28	2.42	1.03	0.85	2.90
	安拆费	元									0.16
	小计	元	63.11	81.30	5.46	7.10	9.12	9.95	2.42	3.83	4.71
(二)	人工	工日	1.00	1.00							0.30
	汽油	kg									
	柴油	kg									
	电	kW·h	75.28	122.64							2.13
	风	m^3									
	水	m^3									
定额编号			3052	3053	3054	3055	3056	3057	3058	3059	3060

续表

项目		单位	斗式提升机			胶带输送机				
			斗宽×提升高度/(mm×m)			移动式			固定式	
						带宽×带长/(mm×m)				
			160×11.4	250×21.6	250×30	500×10	500×15	500×20	500×30	500×50
(一)	折旧费	元	3.60	6.00	7.22	3.39	4.43	5.91	8.43	14.09
	修理费	元	12.35	16.30	16.79	13.46	12.41	15.15	15.85	21.20
	安拆费	元	2.17	3.40	3.28	5.32	1.49	1.81	2.31	2.91
	小计	元	18.12	25.70	27.29	22.17	18.33	22.87	26.59	38.20
(二)	人工	工日	1.00	1.00	1.00	0.40	0.40	0.40	0.40	0.40
	汽油	kg								
	柴油	kg								
	电	kW·h	6.78	18.97	26.19	12.89	17.96	22.36	24.48	26.09
	风	m^3								
	水	m^3								
定额编号			3061	3062	3063	3064	3065	3066	3067	3068

续表

项目		单位	胶带输送机							
			固定式							
			带宽×带长/(mm×m)							
			650×30	650×50	650×100	800×30	800×50	800×75	800×100	1000×10
(一)	折旧费	元	9.65	16.09	32.09	12.00	20.09	30.09	40.09	8.17
	修理费	元	22.81	28.47	45.00	33.81	50.27	60.15	83.09	10.99
	安拆费	元	2.74	4.23	7.37	4.05	6.03	6.70	9.85	1.23
	小计	元	35.20	48.84	84.46	49.86	76.39	96.94	133.03	20.39
(二)	人工	工日	0.50	0.80	1.00	0.50	0.80	0.80	1.00	0.80
	汽油	kg								
	柴油	kg								
	电	kW·h	54.21	70.90	154.80	61.18	98.66	114.68	141.81	22.75
	风	m^3								
	水	m^3								
定额编号			3069	3070	3071	3072	3073	3074	3075	3076

续表

项目		单位	胶带输送机						
			固定式						
			带宽×带长/(mm×m)						
			1000×12	1000×15	1000×20	1000×25	1000×30	1000×50	1000×75
(一)	折旧费	元	9.19	10.85	15.26	18.21	22.44	24.09	36.09
	修理费	元	13.03	15.37	20.54	25.80	30.20	59.97	77.45
	安拆费	元	1.53	1.80	2.30	3.02	3.38	7.40	9.32
	小计	元	23.75	28.02	38.10	47.03	56.02	91.46	122.86
(二)	人工	工日	0.80	0.80	0.80	0.80	0.80	1.00	1.00
	汽油	kg							
	柴油	kg							
	电	kW·h	23.99	33.09	45.50	60.39	66.76	132.09	141.26
	风	m^3							
	水	m^3							
定额编号			3077	3078	3079	3080	3081	3082	3083

四、起 重 机 械

项目		单位	简易缆索起重机 起重量×跨距/(t×m)						门座式起重机		
			20×200	20×300	20×400	20×500	40×200	40×300	MQ540/30型 10～30t	10/30t 高架 10～30t	SDMQ1260/60 20～60t
(一)	折旧费	元	461.48	538.25	677.65	747.49	734.43	992.94	234.52	414.96	1159.86
	修理费	元	71.56	81.95	105.36	116.24	171.81	139.53	193.23	223.69	336.65
	安拆费	元									
	小计	元	533.04	620.20	783.01	863.73	906.24	1132.47	427.75	638.65	1496.51
(二)	人工	工日	5.00	5.00	5.00	5.00	5.00	5.00	2.50	2.50	2.50
	汽油	kg									
	柴油	kg									
	电	kW·h	192.78	192.78	192.78	192.78	195.87	196.87	458.08	458.08	938.83
	风	m^3									
	水	m^3									
定额编号			4001	4002	4003	4004	4005	4006	4007	4008	4009

续表

项目		单位	塔式起重机						塔式起重机	龙门式起重机						简易龙门起重机
			起重量/t							起重量/t						
			2	6	8	10	15	25	SDTQ1800/60型	5	10	15	20	30	50	40
(一)	折旧费	元	26.23	92.86	138.76	218.01	298.06	371.52	1190.70	38.47	65.53	87.67	103.13	111.17	323.30	78.46
	修理费	元	12.21	43.56	55.98	95.84	123.35	154.86	401.74	18.36	37.59	39.30	95.38	139.06	226.75	23.34
	安拆费	元	3.50	14.74	17.50	20.98	25.85			3.40	6.14	6.35	6.79	10.92	26.87	8.80
	小计	元	41.94	151.16	212.24	334.83	447.26	526.38	1592.44	60.23	109.26	133.32	205.30	261.15	576.92	110.60
(二)	人工	工日	2.00	2.00	2.00	2.00	2.00	2.00	2.50	2.00	2.00	2.00	2.00	2.00	2.00	2.00
	汽油	kg														
	柴油	kg														
	电	kW·h	37.32	71.06	100.04	133.90	169.07	295.66	802.00	41.21	61.26	115.99	110.28	173.63	256.23	55.80
	风	m^3														
	水	m^3														
定额编号			4010	4011	4012	4013	4014	4015	4016	4017	4018	4019	4020	4021	4022	4023

续表

项目		单位	桥式起重机														
			单梁					双梁				单小车					
			起重量/t														
			1	2	3	5	10	15/3	20/5	30/5	50/10	10	16	30	32	50	80
(一)	折旧费	元	5.87	6.34	7.52	44.01	47.17	60.26	72.78	87.26	101.03	63.23	62.44	84.74	146.13	161.20	330.93
	修理费	元	9.52	11.07	12.57	17.64	18.83	32.36	39.14	46.09	56.05	18.72	20.98	43.00	40.52	49.67	87.84
	安拆费	元	1.34	1.63	1.70	2.52	2.70	3.83	4.83	5.69	6.52						
	小计	元	16.73	19.04	21.79	64.17	68.70	96.45	116.75	139.04	163.60	81.95	83.42	127.74	186.65	210.87	418.77
(二)	人工	工日	1.00	1.00	1.00	1.00	1.00	1.00	1.00	1.00	1.00	1.00	1.00	1.00	1.00	1.00	1.00
	汽油	kg															
	柴油	kg															
	电	kW·h	6.08	6.59	8.66	47.39	47.39	58.16	65.34	84.11	112.46	34.50	47.62	78.98	78.70	107.14	115.74
	风	m^3															
	水	m^3															
定额编号			4024	4025	4026	4027	4028	4029	4030	4031	4032	4033	4034	4035	4036	4037	4038

续表

项目		单位	履带起重机												
			油动												
			起重量/t												
			5	8	10	15	20	25	30	40	50	90	100	200	350
(一)	折旧费	元	57.75	74.27	73.30	89.30	111.73	132.87	144.35	178.70	412.35	763.82	809.82	2116.35	4278.60
	修理费	元	48.08	62.64	90.18	123.05	105.79	122.52	179.56	237.99	258.05	201.18	235.52	924.05	985.57
	安拆费	元	3.38	3.84	6.57	8.07	8.58	9.14	11.75	12.20	14.21	13.27	16.28	28.23	50.37
	小计	元	109.21	140.75	170.05	220.42	226.10	264.53	335.66	428.89	684.61	978.27	1061.62	3068.63	5314.54
(二)	人工	工日	2.00	2.00	2.00	2.00	2.00	2.00	2.00	2.00	2.00	2.00	2.00	2.00	2.00
	汽油	kg													
	柴油	kg	23.24	23.63	27.56	42.67	44.69	48.48	59.33	69.10	80.61	84.29	87.75	134.06	171.60
	电	kW·h													
	风	m^3													
	水	m^3													
定额编号			4039	4040	4041	4042	4043	4044	4045	4046	4047	4048	4049	4050	4051

续表

项目		单位	汽车起重机												
			起重量/t												
			5	6.3	8	10	12	16	20	25	30	40	50	70	90
（一）	折旧费	元	43.65	59.97	61.85	81.04	110.26	130.09	131.06	150.72	156.31	307.38	370.15	480.96	532.11
	修理费	元	58.22	66.82	75.82	101.23	157.24	204.49	205.09	251.70	257.73	307.98	384.95	458.63	496.35
	安拆费	元													
	小计	元	101.87	126.79	137.68	182.27	267.50	334.58	336.15	402.42	414.04	615.36	755.10	939.59	1028.46
（二）	人工	工日	1.50	1.50	1.50	1.50	1.50	1.50	1.50	1.50	1.50	1.50	1.50	1.50	1.50
	汽油	kg	21.13												
	柴油	kg		20.91	24.90	29.35	35.30	44.78	47.41	50.45	53.21	64.94	66.61	72.07	73.04
	电	kW·h													
	风	m^3													
	水	m^3													
定额编号			4052	4053	4054	4055	4056	4057	4058	4059	4060	4061	4062	4063	4064

续表

项目		单位	汽车起重机				轮胎式起重机								
			起重量/t												
			100	110	130	200	8	10	15	16	20	25	35	40	100~125
(一)	折旧费	元	612.40	630.24	706.90	1168.84	76.43	89.22	93.39	118.96	145.22	308.83	465.93	491.29	1451.74
	修理费	元	549.91	587.38	593.72	779.82	84.03	81.64	81.04	152.41	210.41	240.04	291.10	340.60	1031.41
	安拆费	元													
	小计	元	1162.31	1217.62	1300.62	1948.66	160.46	170.86	174.43	271.37	355.63	548.87	757.03	831.89	2483.15
(二)	人工	工日	1.50	1.50	1.50	1.50	1.50	1.50	1.50	1.50	1.50	1.50	1.50	1.50	1.50
	汽油	kg													
	柴油	kg	78.27	81.26	87.00	93.09	27.21	28.15	34.55	35.14	40.51	46.44	54.08	61.35	105.35
	电	kW·h													
	风	m^3													
	水	m^3													
	车船使用税	元													
定额编号			4065	4066	4067	4068	4069	4070	4071	4072	4073	4074	4075	4076	4077

续表

项目		单位	内燃叉车			桅杆式起重机				
			起重量/t							
			2	3	6	5	10	15	25	40
(一)	折旧费	元	19.37	19.57	59.83	33.94	47.21	62.34	65.04	79.65
	修理费	元	46.32	49.21	81.15	27.44	34.40	44.43	63.97	70.63
	安拆费	元				16.33	21.69	27.25	30.00	34.90
	小计	元	65.69	68.81	140.98	77.71	103.30	134.02	159.01	185.18
(二)	人工	工日	1.00	1.00	1.00	1.50	1.50	1.50	1.50	1.50
	汽油	kg								
	柴油	kg	13.95	17.78	20.48					
	电	kW·h				73.69	115.75	179.07	210.61	262.15
	风	m^3								
	水	m^3								
定额编号			4078	4079	4080	4081	4082	4083	4084	4085

续表

项目		单位	电动葫芦					千斤顶				
			起重量/t									
			0.5	1	2	3	5	≤10	50	100	200	300
(一)	折旧费	元	2.00	2.35	2.87	3.22	4.43	0.27	0.74	2.14	2.47	6.68
	修理费	元	2.40	2.91	5.92	7.60	6.75	0.17	0.33	0.66	0.90	2.35
	安拆费	元										
	小计	元	4.40	5.26	8.79	10.82	11.18	0.44	1.07	2.80	3.37	9.03
(二)	人工	工日										
	汽油	kg										
	柴油	kg										
	电	kW·h	5.63	10.50	14.38	19.97	23.98					
	风	m^3										
	水	m^3										
定额编号			4086	4087	4088	4089	4090	4091	4092	4093	4094	4095

续表

项目		单位	顶管设备					张拉千斤顶					
			人工挖土				挤压						
			管径/mm					型号					
			1200	1650	2000	2460	1000	YKD-18	YCD-18-200	YCQ-100	YCW-150	YCW-250	YCW-350
(一)	折旧费	元	7.57	8.87	9.83	10.70	19.14	0.52	6.58	2.09	13.32	15.74	18.09
	修理费	元	9.49	11.30	12.42	13.19	13.33	0.58	1.93	2.10	4.23	5.51	6.52
	安拆费	元	0.99	1.02	1.15	1.65	3.08						
	小计	元	18.05	21.19	23.40	25.54	35.55	1.10	8.51	4.19	17.55	21.25	24.61
(二)	人工	工日											
	汽油	kg											
	柴油	kg											
	电	kW·h	114.86	164.49	215.30	232.38	161.68						
	风	m^3											
	水	m^3											
定额编号			4096	4097	4098	4099	4100	4101	4102	4103	4104	4105	4106

续表

项目		单位	卷扬机									
			单筒慢速							单筒快速		
			起重量/t									
			1	2	3	5	8	10	15	1	2	3
(一)	折旧费	元	1.65	4.78	6.87	11.65	23.48	45.93	148.72	2.70	6.70	14.61
	修理费	元	1.83	2.60	2.79	4.68	9.46	18.33	60.08	1.08	2.70	5.95
	安拆费	元	1.52	0.11	2.02	2.17	2.48	3.25	2.56	2.79	2.87	2.52
	小计	元	5.00	7.49	11.68	18.50	35.42	67.51	211.36	6.57	12.27	23.08
(二)	人工	工日	1.00	1.00	1.00	1.00	1.00	1.00	1.00	1.00	1.00	1.00
	汽油	kg										
	柴油	kg										
	电	kW·h	8.34	25.20	28.87	39.09	68.74	81.32	197.44	24.33	45.08	57.87
	风	m^3										
	水	m^3										
定额编号			4107	4108	4109	4110	4111	4112	4113	4114	4115	4116

续表

项目		单位	卷扬机										卷扬台车
			单筒快速	双筒慢速			双筒快速						
			起重量/t										
			5	3	5	10	1	2	3	5	8	10	
(一)	折旧费	元	24.35	19.13	23.04	99.91	5.27	15.80	21.56	28.86	47.97	99.57	174.26
	修理费	元	9.82	7.75	9.37	40.36	2.59	7.54	9.96	12.96	18.24	38.82	229.05
	安拆费	元	1.10	2.71	2.47	3.76	2.95	1.09	3.28	3.51	2.04	3.03	21.56
	小计	元	35.27	29.59	34.88	144.03	10.81	24.43	34.80	45.33	68.25	141.42	424.87
(二)	人工	工日	1.00	1.00	1.00	1.00	1.00	1.00	1.00	1.00	1.00	1.00	2.00
	汽油	kg											
	柴油	kg											
	电	kW·h	107.39	45.09	55.39	94.67	49.47	66.18	93.79	137.27	210.57	227.20	462.63
	风	m^3											
	水	m^3											
定额编号			4117	4118	4119	4120	4121	4122	4123	4124	4125	4126	4127

续表

项目		单位	单层罐笼/t	绞车									胎带机	塔带机
				单筒					双筒				ROTECCC 200-24	TC/TB2400
				卷筒直径×卷筒宽度/(m×m)										
			1.1	1.2×1.0 30kW	1.2×1.0 55kW	1.6×1.2 75kW	2.0×1.5 30kW	2.0×1.5 55kW	1.2×1.0 30kW	1.2×1.0 55kW	1.2×1.0 75kW	1.6×1.2 75kW	400m³/h	
(一)	折旧费	元	102.71	35.46	73.19	83.89	44.95	56.90	41.91	74.86	102.65	106.64	4776.03	15895.06
	修理费	元	95.80	14.33	29.60	33.89	18.15	23.01	16.94	30.28	41.53	43.09	2909.88	7657.04
	安拆费	元		0.66	1.25	1.48	0.84	1.02	0.78	1.38	1.86	1.98		
	小计	元	198.51	50.45	104.04	119.26	63.94	80.93	59.63	106.52	146.04	151.71	7685.91	23552.10
(二)	人工	工日		1.00	1.00	1.00	1.00	1.00	1.00	1.00	1.00	1.00	1.00	1.00
	汽油	kg												
	柴油	kg												
	电	kW·h		103.08	162.60	216.80	103.08	188.58	106.33	188.58	257.45	265.58	728.70	650.86
	风	m^3												
	水	m^3												
定额编号			4128	4129	4130	4131	4132	4133	4134	4135	4136	4137	4138	4139

五、钻孔灌浆机械

项目		单位	地质钻孔				冲击钻机			回旋钻机 钻孔直径		大口径岩芯钻	大口径工程钻	反循环钻机
			100型	150型	300型	500型	CZ-20	CZ-22型	CZ-30	1000mm以内	1500mm以内	ϕ1.2m	GJC-40H	SFZ-150
(一)	折旧费	元	11.12	16.26	19.57	24.09	28.33	45.57	70.35	77.91	78.17	122.88	260.52	78.17
	修理费	元	33.58	45.31	56.43	70.31	57.59	125.42	175.50	191.57	223.61	64.95	738.95	197.72
	安拆费	元	10.19	11.89	18.74	24.74	16.12	38.10	48.50	5.89	37.06	52.65	180.50	45.30
	小计	元	54.89	73.46	94.74	119.14	102.04	209.09	294.35	275.37	338.84	240.48	1179.97	321.19
(二)	人工	工日	1.50	1.50	1.50	1.50	1.50	1.50	1.50	2.00	2.00	3.50	3.00	2.00
	汽油	kg												
	柴油	kg											53.37	
	电	kW·h	25.20	51.05	83.40	105.10	93.63	109.64	187.65	163.72	293.24	439.95		348.55
	风	m^3												
	水	m^3												
定额编号			5001	5002	5003	5004	5005	5006	5007	5008	5009	5010	5011	5012

续表

项目		单位	反井钻机	冲击式反循环钻机				液压履带钻机	旋挖钻机 最大扭矩/(kN·m)		
			LM-200	CJF-131200	CJF-20A2000	CZF-1200	CZF-1500	ϕ102～ϕ165	150	200	220
(一)	折旧费	元	135.62	139.06	218.89	115.74	171.70	695.27	942.21	1347.18	1714.90
	修理费	元	219.88	142.68	202.13	217.23	283.09	288.48	676.17	966.80	1230.74
	安拆费	元	88.32	5.51	6.61	63.14	78.94	93.93			
	小计	元	443.82	287.25	427.63	396.11	533.73	1077.68	1618.38	2313.98	2945.64
(二)	人工	工日	2.00	1.50	1.50	1.50	1.50	3.00	2.00	2.00	2.00
	汽油	kg									
	柴油	kg							113.40	175.80	207.60
	电	kW·h	352.80	412.36	526.91	118.28	182.00	52.96			
	风	m^3									
	水	m^3									
定额编号			5013	5014	5015	5016	5017	5018	5019	5020	5021

续表

项目		单位	旋挖钻机 最大扭矩/(kN·m)		液压开槽机	液压抓斗	自行射水成槽机	液压铣槽机	打锥机	定向钻机 小型/t	定向钻机 中型/t
			250	280		KH180M HL-800		BC-30		27～150	150～450
(一)	折旧费	元	1838.95	2049.74	105.48	658.13	131.79	11860.68	5.57	604.35	19469.57
	修理费	元	1319.74	1470.98	234.19	390.49	207.81	4962.40	1.51	345.95	10819.82
	安拆费	元			80.55	30.30	69.72				
	小计	元	3158.69	3520.72	420.22	1078.92	409.32	16823.08	7.08	950.30	30289.39
(二)	人工	工日	2.00	2.00	3.00	2.00	4.00	6.00		1.00	6.00
	汽油	kg									
	柴油	kg	243.60	231.27		121.54		583.20	12.20	30.00	550.00
	电	kW·h			332.66		419.76			15.00	120.00
	风	m^3									
	水	m^3									
定额编号			5022	5023	5024	5025	5026	5027	5028	5029	5030

续表

项目		单位	定向钻机大型/t	水井钻机	泥浆净化机	泥浆净化系统	灌浆自动记录仪	泥浆搅拌机	泥浆搅拌机	灰浆搅拌机	高速搅拌机	泥浆泵
			450～600	SPJ－300型	JHB－200	BE－500			$2m^3$		NJ－1500	HB80/10型3PN
(一)	折旧费	元	25914.78	87.57	20.24	801.57	28.87	9.63	4.35	3.57	12.38	2.05
	修理费	元	14457.66	400.90	20.23	450.18	18.02	28.67	13.69	10.28	29.95	4.33
	安拆费	元		105.80	5.76		3.30	2.97	1.70	1.38	3.57	1.23
	小计	元	40372.44	594.27	46.23	1251.75	50.19	41.27	19.74	15.23	45.90	7.61
(二)	人工	工日	8.00	2.00	1.00	3.00		1.00	1.00	1.00	1.00	1.00
	汽油	kg										
	柴油	kg	800.00									
	电	kW·h	150.00	400.00	76.00	426.40	1.25	35	55.28	20.73	45.50	10.15
	风	m^3										
	水	m^3										
定额编号			5031	5032	5033	5034	5035	5036	5037	5038	5039	5040

续表

项目		单位	泥浆泵			灌浆泵		灌浆泵（高压泥浆）	灰浆泵	高压水泵		搅灌机	旋、定、摆提升装置	高喷台车	喷粉桩机
			13kW	160kW	BW850/2C	中（低）压		高压	功率/kW						
						泥浆	砂浆	泥浆	4	17	75	WJG-80			PH-5B
（一）	折旧费	元	4.00	33.84	39.30	6.52	8.43	9.25	3.22	4.17	16.52	12.78	6.61	16.12	34.87
	修理费	元	5.38	48.92	175.05	28.40	32.80	38.69	13.21	14.07	70.73	36.10	34.01	26.31	56.35
	安拆费	元	5.05	5.50	19.50	2.92	3.16	3.47	2.50	2.56	9.00	3.19	1.78	9.18	30.29
	小计	元	14.43	88.26	233.85	37.84	44.39	51.41	18.93	20.80	96.25	52.07	42.40	52.11	121.51
（二）	人工	工日	1.00	1.00		1.50	1.50	1.50	0.70	1.00	1.00	2.00	1.50	1.00	2.00
	汽油	kg													
	柴油	kg													
	电	kW·h	35.67	213.36	375.00	46.80	58.50	67.27	12.44	107.64	316.80	37.54	31.23	8.91	155.34
	风	m^3													
	水	m^3													
定额编号			5041	5042	5043	5044	5045	5046	5047	5048	5049	5050	5051	5052	5053

续表

项目		单位	搅拌桩机			柴油打桩机				静力压桩机				柴油打桩机		
										液压				轨道式		
						锤头重量/t				压力/t				冲击部分重量/t		
			单头	双头	多头	1～2	2～4	4～6	6～8	160	200	300	400	2.5	3.5	5
(一)	折旧费	元	53.22	82.78	147.74	12.46	60.78	86.97	141.78	477.28	676.88	872.51	1011.41	190.28	265.06	411.19
	修理费	元	44.39	64.42	105.83	22.73	163.21	237.21	387.24	680.34	962.17	1109.84	1399.82	121.32	170.18	432.71
	安拆费	元				10.86	56.84	53.38	117.96							
	小计	元	97.61	147.20	253.57	46.05	280.83	377.56	646.98	1157.62	1639.05	1982.35	2411.23	311.60	435.24	843.90
(二)	人工	工日	2.20	3.00	3.00	1.50	1.50	1.50	1.50	1.50	1.50	1.50	1.50	1.50	1.50	1.50
	汽油	kg														
	柴油	kg				10.29	20.00	30.55	43.84		77.79	85.29	96.29	46.50	56.90	64.94
	电	kW·h	177.86	229.61	214.50					133.39				122.00	171.00	208.66
	风	m^3														
	水	m^3														
定额编号			5054	5055	5056	5057	5058	5059	5060	5061	5062	5063	5064	5065	5066	5067

续表

项目		单位	振动打拔桩锤	振动沉拔桩机	振动打拔桩锤DZ30	铺膜机	插塑板机			振冲器		
			激振力/t				宽度/m			型号		
			≤25	40	≤300kN		15	20	25	ZCQ-13	ZCQ-30	ZCQ-75
(一)	折旧费	元	66.86	179.26	77.02	14.26	178.31	226.65	233.32	22.00	63.78	70.22
	修理费	元	47.63	51.37	156.90	20.83	167.99	213.53	217.47	20.27	40.54	48.51
	安拆费	元	4.25	26.75	4.73					6.56	7.14	9.26
	小计	元	118.74	257.38	238.65	35.09	346.30	440.18	450.79	48.83	111.46	127.99
(二)	人工	工日	1.50	1.50	2.00	0.50	1.50	1.50	1.50	1.00	1.00	1.00
	汽油	kg										
	柴油	kg		24.90			63.00	85.00	88.00			
	电	kW·h	112.50	187.50	126.57	18.60				40.40	108.68	229.50
	风	m^3										
	水	m^3										
定额编号			5068	5069	5070	5071	5072	5073	5074	5075	5076	5077

六、工程船舶

项目		单位	绞吸式挖泥船									
			生产率/(m^3/h)									
			40		60		80		100		120	
			挖泥	挖砂	挖泥	挖砂	挖泥	挖砂	挖泥	挖砂	挖泥	挖砂
（一）	折旧费	元	99.87	105.42	115.33	148.28	152.79	198.23	213.84	216.36	272.39	297.40
	修理费	元	110.79	215.12	217.39	322.77	323.30	409.67	329.16	487.64	360.53	562.08
	安拆费	元										
	小计	元	210.66	320.54	332.72	471.05	476.09	607.90	543.00	704.00	632.92	859.48
（二）	人工	工日	4.00	4.00	4.00	4.00	5.50	5.50	5.50	5.50	6.00	6.00
	汽油	kg										
	柴油	kg	141.58	149.13	175.88	191.28	200.49	227.38	232.03	261.03	317.96	374.63
	电	kW·h										
	风	m^3										
	水	m^3										
定额编号			6001	6002	6003	6004	6005	6006	6007	6008	6009	6010

续表

项目		单位	绞吸式挖泥船							
			生产率/(m^3/h)							
			200		350		400		500	
			挖泥	挖砂	挖泥	挖砂	挖泥	挖砂	挖泥	挖砂
(一)	折旧费	元	525.37	621.36	735.63	945.81	952.85	1047.52	1142.97	1356.33
	修理费	元	626.87	950.30	951.89	1226.02	968.95	1310.70	1136.28	1573.36
	安拆费	元								
	小计	元	1152.24	1571.66	1687.52	2171.83	1921.80	2358.22	2279.25	2929.69
(二)	人工	工日	7.50	7.50	9.00	9.00	10.00	10.00	11.00	11.00
	汽油	kg								
	柴油	kg	564.91	592.65	895.86	934.31	975.16	1038.99	1182.72	1248.43
	电	kW·h								
	风	m^3								
	水	m^3								
定额编号			6011	6012	6013	6014	6015	6016	6017	6018

续表

项目		单位	链斗式挖砂船									
			生产率/(m³/h)									
			油动									
			40	60	100	120	150	180	250	350	500	750
(一)	折旧费	元	83.21	163.33	178.72	242.89	285.53	429.76	714.61	767.71	1095.78	5899.48
	修理费	元	274.28	533.38	760.62	974.59	1099.86	1251.98	1616.37	2231.72	3301.00	10635.14
	安拆费	元										
	小计	元	357.49	696.71	939.34	1217.48	1385.39	1681.74	2330.98	2999.43	4396.78	16534.62
(二)	人工	工日	6.00	7.00	8.00	9.00	12.00	13.00	14.00	15.00	16.00	15.00
	汽油	kg										
	柴油	kg	95.70	116.00	163.80	194.50	222.60	288.10	515.25	535.60	657.30	1159.50
	电	kW·h										
	风	m^3										
	水	m^3										
定额编号			6019	6020	6021	6022	6023	6024	6025	6026	6027	6028

续表

项目		单位	链斗式挖泥船									
			生产率/(m^3/h)									
			油动									
			40	60	100	120	150	180	250	350	500	750
(一)	折旧费	元	83.21	163.33	178.42	242.89	285.53	429.76	607.42	767.71	1095.78	5899.48
	修理费	元	137.14	266.69	380.31	487.29	549.93	625.99	889.00	1115.86	1650.50	5317.57
	安拆费	元										
	小计	元	220.35	430.02	558.73	730.18	835.46	1055.75	1496.42	1883.57	2746.28	11217.05
(二)	人工	工日	6.00	7.00	8.00	9.00	12.00	13.00	14.00	15.00	16.00	15.00
	汽油	kg										
	柴油	kg	95.70	116.00	163.80	194.50	222.60	288.10	515.25	535.60	657.30	1159.50
	电	kW·h										
	风	m^3										
	水	m^3										
定额编号			6029	6030	6031	6032	6033	6034	6035	6036	6037	6038

续表

项目		单位	铲斗式挖泥船					铲扬式挖泥船	抓斗式挖泥船					
			挖泥		挖砂									
			斗容/m³											
			0.75	4	0.25	0.75	4	4	0.5	0.75	1	1.5	2	4
(一)	折旧费	元	149.72	1120.47	51.83	165.32	1223.93	3026.53	81.24	123.58	176.52	297.94	386.54	698.76
	修理费	元	325.65	1229.63	100.94	330.06	1265.08	3089.12	225.58	257.43	356.28	443.64	643.87	1013.49
	安拆费	元												
	小计	元	475.37	2350.10	152.77	495.38	2489.01	6115.65	306.82	381.01	532.80	741.58	1030.41	1712.25
(二)	人工	工日	8.00	10.00	10.00	10.00	13.00	10.00	5.00	7.00	8.50	9.00	10.00	11.00
	汽油	kg												
	柴油	kg	120.80	749.66	89.00	135.70	842.40	487.00	100.63	105.18	128.14	173.30	221.09	337.21
	电	kW·h												
	风	m³												
	水	m³												
定额编号			6039	6040	6041	6042	6043	6044	6045	6046	6047	6048	6049	6050

续表

项目		单位	吹泥船											
			生产率/(m^3/h)											
			60		80		150		400		800		1000	
			挖泥	挖砂	挖泥	挖砂	挖泥	挖砂	挖泥	挖砂	挖泥	挖砂	挖泥	挖砂
(一)	折旧费	元	141.44	159.11	169.41	213.76	292.25	328.78	352.10	396.12	476.90	596.13	810.20	931.17
	修理费	元	160.65	229.49	244.84	254.04	260.84	365.72	378.00	639.41	650.04	1055.39	1074.92	1576.17
	安拆费	元												
	小计	元	302.09	388.60	414.25	467.80	553.09	694.50	730.10	1035.53	1126.94	1351.52	1885.12	2507.34
(二)	人工	工日	4.00	4.00	4.50	5.00	6.00	6.00	6.50	6.50	7.00	7.00	11.00	11.00
	汽油	kg												
	柴油	kg	93.39	103.28	113.50	127.95	217.25	244.41	284.58	284.58	345.80	347.40	1239.65	1240.20
	电	kW·h												
	风	m^3												
	水	m^3												
定额编号			6051	6052	6053	6054	6055	6056	6057	6058	6059	6060	6061	6062

续表

项目		单位	挖泥船浮筒							
			排泥管径×长度/(mm×mm)							
			250×5000		300×5000		400×7500		500×7500	
			排泥	排砂	排泥	排砂	排泥	排砂	排泥	排砂
(一)	折旧费	元	2.17	2.17	2.43	2.43	2.96	3.91	4.94	6.42
	修理费	元	0.83	1.32	0.94	1.60	1.21	1.71	1.65	2.26
	安拆费	元	0.28	0.61	0.40	0.68	0.50	0.70	0.61	0.83
	小计	元	3.28	4.10	3.77	4.71	4.67	6.32	7.20	9.51
(二)	人工	工日								
	汽油	kg								
	柴油	kg								
	电	kW·h								
	风	m^3								
	水	m^3								
定额编号			6063	6064	6065	6066	6067	6068	6069	6070

续表

项目		单位	挖泥船浮筒					
			排泥管径×长度/(mm×mm)					
			560×7500		600×7500		650×9000	
			排泥	排砂	排泥	排砂	排泥	排砂
(一)	折旧费	元	5.04	6.70	6.35	8.43	8.81	11.47
	修理费	元	1.93	2.70	2.42	3.41	2.97	4.07
	安拆费	元	1.17	0.88	0.88	1.21	0.99	1.38
	小计	元	8.14	10.28	9.65	13.05	12.77	16.92
(二)	人工	工日						
	汽油	kg						
	柴油	kg						
	电	kW·h						
	风	m^3						
	水	m^3						
定额编号			6071	6072	6073	6074	6075	6076

续表

项目		单位	岸管									
			管径×长度/(mm×mm)									
			250×4000		300×4000		400×4000		400×6000		500×6000	
			排泥	排砂	排泥	排砂	排泥	排砂	排泥	排砂	排泥	排砂
(一)	折旧费	元	1.13	2.42	1.30	2.79	1.95	3.19	2.37	3.51	2.55	3.24
	修理费	元	0.25	0.37	0.31	0.45	0.27	0.44	0.34	0.47	0.33	0.44
	安拆费	元										
	小计	元	1.38	2.79	1.61	3.24	2.22	3.63	2.71	3.98	2.88	3.68
(二)	人工	工日										
	汽油	kg										
	柴油	kg										
	电	kW·h										
	风	m^3										
	水	m^3										
定额编号			6077	6078	6079	6080	6081	6082	6083	6084	6085	6086

续表

项目		单位	岸管									
			管径×长度/(mm×mm)									
			560×6000		600×6000		650×6000		700×6000		750×6000	
			排泥	排砂	排泥	排砂	排泥	排砂	排泥	排砂	排泥	排砂
(一)	折旧费	元	1.57	2.09	1.65	2.26	3.24	4.14	1.83	2.35	4.25	5.47
	修理费	元	0.37	0.53	0.40	0.50	0.44	0.55	0.56	0.70	0.61	0.72
	安拆费	元										
	小计	元	1.94	2.62	2.05	2.76	3.68	4.69	2.39	3.05	4.86	6.19
(二)	人工	工日										
	汽油	kg										
	柴油	kg										
	电	kW·h										
	风	m^3										
	水	m^3										
定额编号			6087	6088	6089	6090	6091	6092	6093	6094	6095	6096

续表

项目		单位	潜管（套）		排泥胶管（每节）					
			管径/mm							
			700		250		300		400	
			挖泥	挖砂	挖泥	挖砂	挖泥	挖砂	挖泥	挖砂
（一）	折旧费	元	335.79	432.08	0.52	0.79	0.61	0.95	0.70	1.06
	修理费	元	328.65	462.10	0.07	0.12	0.11	0.12	0.11	0.11
	安拆费	元	112.82	177.47						
	小计	元	777.26	1071.65	0.59	0.91	0.72	1.07	0.81	1.17
（二）	人工	工日	4.00	4.00						
	汽油	kg								
	柴油	kg	11.93	11.93						
	电	kW·h								
	风	m^3								
	水	m^3								
定额编号			6097	6098	6099	6100	6101	6102	6103	6104

续表

项目		单位	排泥胶管（每节）		拖　　轮								
			管径/mm		功率/kW								
			560		37	44	75	90	110	125	147	176	200
			挖泥	挖砂									
（一）	折旧费	元	1.91	3.22	35.14	44.53	55.79	66.38	70.81	98.89	117.13	143.13	156.17
	修理费	元	0.33	0.39	49.79	65.58	76.98	88.62	101.91	139.73	170.79	244.54	370.13
	安拆费	元											
	小计	元	2.24	3.61	84.93	110.11	132.77	155.00	172.72	238.62	287.92	387.67	526.30
（二）	人工	工日			2.00	2.00	3.00	3.00	4.00	4.00	4.00	4.50	5.00
	汽油	kg											
	柴油	kg			22.33	27.00	45.00	54.00	64.13	72.68	90.00	108.00	121.50
	电	kW·h											
	风	m^3											
	水	m^3											
定额编号			6105	6106	6107	6108	6109	6110	6111	6112	6113	6114	6115

续表

项目		单位	拖轮								
			功率/kW								
			221	270	294	353	370	397	515	588	720
(一)	折旧费	元	167.60	208.17	305.23	368.96	398.41	456.26	494.13	510.11	746.59
	修理费	元	392.22	397.76	414.00	439.65	446.91	462.72	483.80	505.15	679.27
	安拆费	元									
	小计	元	559.82	605.93	719.23	808.61	845.32	918.98	977.93	1015.26	1425.86
(二)	人工	工日	5.50	5.50	7.00	7.00	7.00	7.00	7.50	8.00	9.00
	汽油	kg									
	柴油	kg	135.00	166.50	180.00	207.21	234.61	244.72	283.50	360.00	441.00
	电	kW·h									
	风	m^3									
	水	m^3									
定额编号			6116	6117	6118	6119	6120	6121	6122	6123	6124

续表

项目		单位	锚艇					
			功率/kW					
			83	110	118	175	200	243
（一）	折旧费	元	99.84	104.09	117.69	196.82	178.09	210.96
	修理费	元	129.70	172.40	182.31	263.97	306.55	368.92
	安拆费	元						
	小计	元	229.54	276.49	300.00	460.79	484.64	579.88
（二）	人工	工日	2.50	2.50	2.50	3.00	3.50	3.50
	汽油	kg						
	柴油	kg	63.90	80.60	83.89	105.81	135.00	169.00
	电	kW·h						
	风	m^3						
	水	m^3						
定额编号			6125	6126	6127	6128	6129	6130

续表

项目		单位	机艇 功率/kW							
			18	20	30	50	60	90	120	175
(一)	折旧费	元	17.25	17.47	20.61	39.40	47.31	51.07	90.82	190.26
	修理费	元	34.12	35.23	47.98	54.44	62.37	97.40	113.00	228.52
	安拆费	元								
	小计	元	51.37	52.70	68.59	93.84	109.68	148.47	203.82	418.78
(二)	人工	工日	1.00	2.00	1.50	2.50	2.50	3.50	3.50	4.50
	汽油	kg								
	柴油	kg	16.64	20.00	25.64	59.93	63.33	68.00	77.85	106.88
	电	kW·h								
	风	m^3								
	水	m^3								
定额编号			6131	6132	6133	6134	6135	6136	6137	6138

续表

项目		单位	底开式泥驳								
			自航舱					非自航舱			
			舱容积/m^3								
			50	120	280	500	1000	20	30	40	50
（一）	折旧费	元	99.83	127.45	293.57	593.57	3179.20	29.14	21.14	29.90	39.91
	修理费	元	60.97	155.21	244.11	255.61	1369.03	13.72	43.21	53.66	64.18
	安拆费	元									
	小计	元	160.80	282.66	537.68	849.18	4548.23	42.86	64.35	83.56	104.09
（二）	人工	工日	4.00	6.00	6.00	6.00	8.00	4.00	2.50	2.50	2.50
	汽油	kg									
	柴油	kg	83.13	95.40	177.50	270.00	452.55	5.00	4.05	4.25	4.50
	电	kW·h									
	风	m^3									
	水	m^3									
定额编号			6139	6140	6141	6142	6143	6144	6145	6146	6147

续表

项目		单位	底开式泥驳					石驳		
			非自航舱							
			舱容积/m^3					舱容积/m^3		
			60	100	180	280	500	100	120	210
(一)	折旧费	元	47.16	79.89	128.62	197.74	356.13	328.10	385.91	675.39
	修理费	元	94.84	145.43	172.63	195.74	295.82	239.50	299.52	456.21
	安拆费	元								
	小计	元	142.00	225.32	301.25	393.48	651.95	567.60	685.43	1131.60
(二)	人工	工日	2.50	3.00	4.00	5.00	6.00	3.50	4.00	4.50
	汽油	kg								
	柴油	kg	4.53	4.63	4.73	10.04	14.05	11.27	13.00	23.25
	电	kW·h								
	风	m^3								
	水	m^3								
定额编号			6148	6149	6150	6151	6152	6153	6154	6155

续表

项目		单位	油轮	工程修理船	甲板驳			钢质趸船	
			载重量/t	功率/kW	载重量/t			载重量/t	
			30	59	100～200	300～500	1000	35	70
(一)	折旧费	元	137.44	94.57	64.35	128.61	151.13	25.24	42.52
	修理费	元	102.74	81.69	79.16	125.74	173.05	29.43	48.28
	安拆费	元							
	小计	元	240.18	176.26	143.51	254.35	324.18	54.67	90.80
(二)	人工	工日	3.00	5.50	3.00	3.50	4.50	2.50	2.50
	汽油	kg							
	柴油	kg	9.00	33.50			7.05		
	电	kW·h						6.90	8.85
	风	m^3							
	水	m^3							
定额编号			6156	6157	6158	6159	6160	6161	6162

续表

项目		单位	木船			潜水衣具	方驳	插板船	工程驳船	驳船		
			载重量/t				载重量/t		载重量/t	载重量/t		
			5～6	10～20	20～30		400	HZ-25/250	200	5	20	80
(一)	折旧费	元	2.84	6.35	11.48	4.61	246.49	169.49	116.75	24.80	47.92	102.72
	修理费	元	8.80	23.69	38.39	9.64	150.76	325.05	132.37	30.88	38.56	82.64
	安拆费	元										
	小计	元	11.64	30.04	49.87	14.25	397.25	494.54	249.12	55.68	86.48	185.36
(二)	人工	工日	1.50	1.50	1.50		4.00	10.00				
	汽油	kg										
	柴油	kg						114.00				
	电	kW·h										
	风	m^3										
	水	m^3										
定额编号			6163	6164	6165	6166	6167	6168	6169	6170	6171	6172

七、动力机械

项目		单位	空气压缩机							
			电动移动式				油动移动式			电动固定式
			排气量/(m^3/min)							
			0.6	3	6	9	3	6	9	9
(一)	折旧费	元	1.65	5.65	9.30	12.96	6.87	10.35	13.74	10.35
	修理费	元	3.50	21.71	30.35	35.23	24.40	37.22	46.76	26.22
	安拆费	元	3.56	3.37	4.99	6.85	3.97	5.65	7.56	3.69
	小计	元	8.71	30.73	44.64	55.04	35.24	53.22	68.06	40.26
(二)	人工	工日	1.00	1.00	1.00	1.00	1.00	1.00	2.00	1.00
	汽油	kg								
	柴油	kg					28.50	59.78	100.98	
	电	kW·h	25.23	96.43	182.43	279.53				333.88
	风	m^3								
	水	m^3								
定额编号			7001	7002	7003	7004	7005	7006	7007	7008

续表

项目		单位	空气压缩机			汽油发电机		柴油发电机		
			电动固定式		油动固定式	移动式	固定式	移动式		
			排气量/(m^3/min)			功率/kW				
			15	20	12	15	55	20	30	40
(一)	折旧费	元	13.74	15.83	31.72	15.30	16.96	4.78	7.30	9.65
	修理费	元	30.26	55.97	53.59	59.54	32.86	23.53	33.73	40.00
	安拆费	元	4.75	7.16	7.44	6.89	5.27	4.06	4.89	6.18
	小计	元	48.75	78.96	92.75	81.73	55.09	32.37	45.92	55.83
(二)	人工	工日	1.00	1.00	1.00	1.00	1.00	1.00	1.00	1.00
	汽油	kg				24.63	80.43			
	柴油	kg			108.55			28.89	43.35	57.21
	电	kW·h	452.50	517.53						
	风	m^3								
	水	m^3								
定额编号			7009	7010	7011	7012	7013	7014	7015	7016

续表

项目		单位	柴油发电机								
			移动式			固定式					
			功率/kW								
			50	60	85	160	200	240	250	400	440
（一）	折旧费	元	13.04	14.43	17.22	27.13	32.70	45.57	47.39	88.51	92.61
	修理费	元	42.67	46.88	51.57	50.69	55.35	59.18	59.22	110.52	120.58
	安拆费	元	6.96	7.52	8.20	9.33	10.30	11.44	11.35	22.05	21.24
	小计	元	62.67	68.83	76.99	87.15	98.35	116.19	117.96	221.08	234.43
（二）	人工	工日	2.00	2.00	2.00	3.00	3.00	3.00	3.00	4.00	2.00
	汽油	kg									
	柴油	kg	66.69	78.43	107.04	193.04	216.98	261.20	270.83	388.39	453.70
	电	kW·h									
	风	m^3									
	水	m^3									
定额编号			7017	7018	7019	7020	7021	7022	7023	7024	7025

八、其他机械

项目		单位	电力变压器										
			三相双线圈										
			容量/kVA										
			20	30	50	100	200	315	500	1000	2500	4000	6300
(一)	折旧费	元	0.43	0.64	0.97	1.22	1.91	2.43	4.90	6.26	10.98	12.24	19.97
	修理费	元	0.08	0.08	0.08	0.15	0.22	0.25	0.41	0.57	0.92	1.04	1.68
	安拆费	元				0.06	0.08	0.08	0.13	0.19	0.29	0.36	0.52
	小计	元	0.51	0.72	1.05	1.43	2.21	2.76	5.44	7.02	12.19	13.64	22.17
(二)	人工	工日				1.00	1.00	1.00	1.00	1.00	2.00	2.00	2.00
	汽油	kg											
	柴油	kg											
	电	kW·h											
	风	m^3											
	水	m^3											
定额编号			8001	8002	8003	8004	8005	8006	8007	8008	8009	8010	8011

续表

项目		单位	离心水泵						离心清水泵	离心水泵		
			单级						单级	单级双吸		
			功率/kW						型号 (m³/h、m)	功率/kW		
			5～10	11～17	22	30	55	75	12.5/20	22	55	110
(一)	折旧费	元	0.35	0.78	1.91	1.04	2.43	6.96	1.76	4.86	5.22	14.52
	修理费	元	4.52	7.32	12.62	16.79	21.95	28.90	2.63	22.32	28.08	77.64
	安拆费	元	1.54	2.47	4.25	5.68	6.55	8.20	7.03	7.05	8.60	22.47
	小计	元	6.41	10.57	18.78	23.51	30.93	44.06	11.42	34.23	41.90	114.63
(二)	人工	工日	1.00	1.00	1.00	1.00	1.00	1.00		1.00	1.00	1.00
	汽油	kg										
	柴油	kg										
	电	kW·h	38.78	71.11	103.01	141.93	255.70	342.50	23.00	111.33	258.10	558.08
	风	m^3										
	水	m^3										
定额编号			8012	8013	8014	8015	8016	8017	8018	8019	8020	8021

续表

项目		单位	离心水泵							电动水泵		汽油泵
			单级双吸	多级						多级		
			功率/kW							ϕ100mm	ϕ150mm	功率/kW
			135	7	14	40	100	220	400	DA1－100－6，$H\leqslant 120$m	DA1－150－6，$H\leqslant 180$m	2.2～3.7
（一）	折旧费	元	13.01	1.64	1.22	8.09	23.54	32.56	60.06	10.93	27.14	0.61
	修理费	元	63.40	6.83	8.14	29.24	71.25	76.49	122.14	7.69	19.09	5.95
	安拆费	元	18.60	2.37	2.98	10.13	28.97	30.86	49.15	2.02	2.42	1.51
	小计	元	95.01	10.84	12.34	47.46	123.76	139.91	231.35	20.64	48.65	8.07
（二）	人工	工日	1.00	1.00	1.00	1.00	1.00	1.00	1.00			1.00
	汽油	kg										4.50
	柴油	kg										
	电	kW·h	673.20	37.85	73.05	215.30	493.73	1161.30	2097.87	238.09	485.10	
	风	m^3										
	水	m^3										
定额编号			8022	8023	8024	8025	8026	8027	8028	8029	8030	8031

注 H 为扬程。

续表

项目		单位	潜水泵			深井水泵				
			功率/kW			功率/kW				
			2.2	7	34	1.4	2.8	5.6	7.3	8.4
(一)	折旧费	元	0.96	1.57	4.61	2.53	3.51	4.60	5.41	5.52
	修理费	元	8.32	13.75	26.27	3.52	4.89	6.39	7.46	7.70
	安拆费	元	3.21	5.18	12.01	3.45	4.81	6.24	7.28	7.48
	小计	元	12.49	20.50	42.89	9.50	13.21	17.23	20.15	20.70
(二)	人工	工日	1.00	1.00	1.00	1.30	1.30	1.30	1.30	1.30
	汽油	kg								
	柴油	kg								
	电	kW·h	9.88	31.80	158.20	7.20	14.40	28.20	36.60	42.60
	风	m^3								
	水	m^3								
定额编号			8032	8033	8034	8035	8036	8037	8038	8039

续表

项目		单位	深井水泵		射流井点泵	水泵	污水泵				衬胶泵
			功率/kW			（出入口/mm）/（扬程/m）	功率/kW				
			10.8	14		200/30	4	7.5	22	55	17
（一）	折旧费	元	6.27	4.68	4.31	3.57	0.61	1.71	3.62	7.04	10.96
	修理费	元	8.71	11.37	7.48	4.68	8.21	9.77	18.72	22.95	30.44
	安拆费	元	8.52	5.14	1.05	15.90	3.78	4.06	5.59	6.07	12.91
	小计	元	23.50	21.19	12.84	24.15	12.60	15.54	27.93	36.06	54.31
（二）	人工	工日	1.30	1.00	1.00	1.00	1.00	1.00	1.00	1.00	1.00
	汽油	kg									
	柴油	kg									
	电	kW·h	54.60	63.65	53.96	70.20	21.88	38.20	111.35	278.27	83.00
	风	m^3									
	水	m^3									
定额编号			8040	8041	8042	8043	8044	8045	8046	8047	8048

续表

项目		单位	灰渣泵	电磁试压泵	耐酸泵	试压泵	电动油泵	高压油泵		油泵车
			功率/kW			压力/MPa		压力/MPa		
			75	3	3.0	2.5	ZB4-500	50	80	
(一)	折旧费	元	12.26	0.70	1.06	2.26	1.36	3.30	6.19	225.54
	修理费	元	35.25	12.59	1.44	2.21	9.30	3.60	7.25	174.76
	安拆费	元	14.94		0.50	1.77		1.95	2.33	
	小计	元	62.45	13.29	3.00	6.24	10.66	8.85	15.77	400.30
(二)	人工	工日	1.00	1.00	1.00	1.00	1.00	1.00	1.00	2.00
	汽油	kg								
	柴油	kg								60.93
	电	kW·h	367.85	14.00	14.85	7.88	93.50	133.71	214.00	
	风	m^3								
	水	m^3								
定额编号			8049	8050	8051	8052	8053	8054	8055	8056

续表

项目		单位	柱塞水泵	水力冲挖机组高压水泵	水力冲挖机组泥浆泵	潜水泵	泥沙泵	叶式通风机		
			功率/kW			出水口	功率/kW			
			10	15	15	ϕ100mm	7	4.5	10	20
（一）	折旧费	元	7.10	5.52	7.28	2.50	3.13	1.30	2.43	3.62
	修理费	元	10.93	14.24	15.12	4.35	4.14	6.81	9.91	13.12
	安拆费	元	1.72	3.20	4.24	3.27	14.20	1.18	1.21	1.40
	小计	元	19.75	22.96	26.64	10.12	21.47	9.29	13.55	18.14
（二）	人工	工日	1.00	1.00	0.70	1.00	1.00	0.50	0.50	0.50
	汽油	kg								
	柴油	kg								
	电	kW·h	40.55	112.00	96.00	24.85	62.40	22.00	43.50	86.15
	风	m^3								
	水	m^3								
定额编号			8057	8058	8059	8060	8061	8062	8063	8064

续表

项目		单位	叶式通风机		离心通风机					轴流通风机
			功率/kW							
			40	70	4.5	10	28	55	75	7.5
(一)	折旧费	元	6.35	9.74	0.52	1.48	4.61	8.55	7.04	1.48
	修理费	元	19.56	27.60	5.30	7.82	16.52	17.72	21.05	3.10
	安拆费	元	2.53	4.29	0.27	0.58	1.96	2.37	2.98	0.95
	小计	元	28.49	41.63	6.09	9.88	23.09	28.64	31.07	5.53
(二)	人工	工日	0.50	0.50	0.50	0.50	0.50	0.50	0.50	0.50
	汽油	kg								
	柴油	kg								
	电	kW·h	170.25	304.40	19.15	43.00	119.15	208.00	315.00	35.35
	风	m^3								
	水	m^3								
定额编号			8065	8066	8067	8068	8069	8070	8071	8072

续表

项目		单位	轴流通风机					电焊机		
			功率/kW					直流/kW		
			14	28	37	55	2×55	9.6	20	30
(一)	折旧费	元	7.69	12.48	11.55	14.23	30.88	1.65	4.09	3.91
	修理费	元	13.76	23.94	22.03	25.82	53.45	1.92	3.15	3.89
	安拆费	元	2.47	4.00	4.02	4.34	9.07	0.58	1.03	1.27
	小计	元	23.92	40.42	37.60	44.39	93.40	4.15	8.27	9.07
(二)	人工	工日	0.50	0.50	0.50	0.50	0.50			
	汽油	kg								
	柴油	kg								
	电	kW·h	62.00	117.00	161.05	239.18	368.70	48.90	90.00	133.80
	风	m^3								
	水	m^3								
定额编号			8073	8074	8075	8076	8077	8078	8079	8080

续表

项目		单位	电焊机		点焊机		对焊机		交流电焊机 BX1－330	对焊机
			交流/kVA				电阻型/kVA		电弧型/kVA	电弧型/kVA
			25	50	30	75	75	150	≤32	150
(一)	折旧费	元	1.13	2.09	3.57	6.61	1.83	2.43	2.39	5.83
	修理费	元	2.15	3.01	11.77	18.76	8.62	14.86	2.55	14.98
	安拆费	元	0.75	1.10	2.32	4.22	2.00	3.46	0.23	4.54
	小计	元	4.03	6.20	17.66	29.59	12.45	20.75	5.17	25.35
(二)	人工	工日			1.00	1.00	1.00	1.00	1.00	1.00
	汽油	kg								
	柴油	kg								
	电	kW·h	73.98	160.58	89.60	199.90	166.90	358.45	85.62	395.70
	风	m^3								39.55
	水	m^3								15.10
定额编号			8081	8082	8083	8084	8085	8086	8087	8088

续表

项目		单位	对焊机	半自动电焊机	气割枪	钢筋弯曲机	数控立式钢筋弯曲中心	钢筋切断机			
			电弧型/kVA					功率/kW			
			300	MB－500	ACM－2	$\phi6\sim\phi40$		4	7	10	20
（一）	折旧费	元	7.22	4.35	0.17	1.30	170.94	3.19	2.00	2.43	3.91
	修理费	元	18.36	6.05	0.47	8.31	193.89	5.44	6.08	7.53	10.23
	安拆费	元	5.56	0.97	0.08	1.57	2.26	0.97	0.97	1.43	1.91
	小计	元	31.14	11.37	0.72	11.18	367.09	9.60	9.05	11.39	16.05
（二）	人工	工日	1.00	1.00	1.00	1.00	1.00	1.00	1.00	1.00	1.00
	汽油	kg									
	柴油	kg									
	电	kW·h	739.40	95.25		30.85	235.96	17.00	31.70	43.55	87.10
	风	m^3	78.75								
	水	m^3	21.30								
	重油						56.00				
定额编号			8089	8090	8091	8092	8093	8094	8095	8096	8097

续表

项目		单位	钢筋调直机 功率/kW	钢筋墩头机	预应力钢筋拉伸机					
			4～14	$\phi 5$	90t	300t	YCW－100	YCW－150	YCW－250	YCW－400
（一）	折旧费	元	6.09	3.83	14.96	26.17	5.30	7.08	7.28	7.48
	修理费	元	16.12	2.79	9.37	16.49	5.81	7.76	7.96	8.26
	安拆费	元	3.13				5.86	5.86	6.86	7.20
	小计	元	25.34	6.62	24.33	42.66	16.97	20.70	22.10	22.94
（二）	人工	工日	1.00	1.40			1.00	1.00	1.00	1.00
	汽油	kg								
	柴油	kg								
	电	kW·h	41.83	55.00	27.90	44.60	31.50	33.60	33.60	33.60
	风	m^3								
	水	m^3								
定额编号			8098	8099	8100	8101	8102	8103	8104	8105

续表

项目		单位	型钢剪断机	弯管机	型材弯曲机	钢模板调平机	塑料管热熔对接热焊接		
							手动型	液压型	
			功率/kW				功率/kW		
			13	7		GMTP-81A	1.7	2.5	5
(一)	折旧费	元	28.09	13.57	5.13	4.87	1.33	6.99	9.33
	修理费	元	28.26	15.93	36.60	5.75	1.07	5.65	7.53
	安拆费	元	9.35	1.32	6.69	0.26			
	小计	元	65.70	30.82	48.42	10.88	2.40	12.64	16.86
(二)	人工	工日	1.00	1.00	1.00	2.00	0.50	1.00	1.00
	汽油	kg							
	柴油	kg							
	电	kW·h	52.10	28.08	34.63	91.65	8.50	12.50	25.00
	风	m^3							
	水	m^3							
定额编号			8106	8107	8108	8109	8110	8111	8112

续表

项目		单位	卷板机							刨边机
			规格/mm							
			2.25×1000	20×2000	30×3000	22×3500	22×4000	40×3000	50×3000	9
(一)	折旧费	元	7.74	29.04	120.87	145.13	209.00	290.26	338.61	110.26
	修理费	元	3.99	11.44	49.48	41.17	57.61	83.64	100.70	54.51
	安拆费	元	0.42	1.18	4.67	4.42	5.39	7.81	9.40	5.34
	小计	元	12.15	41.66	175.02	190.72	272.00	381.71	448.71	170.11
(二)	人工	工日	2.00	2.00	2.00	2.00	2.00	2.00	2.00	1.00
	汽油	kg								
	柴油	kg								
	电	kW·h	15.00	68.20	111.25	105.63	189.25	154.75	192.55	134.20
	风	m^3								
	水	m^3								
定额编号			8113	8114	8115	8116	8117	8118	8119	8120

续表

项目		单位	刨边机	铆钉枪	空气锤				普通车床	
			规格/mm		规格/kg				规格/mm	
			12	SHD66-3	45	75	150	560	ϕ250～ϕ400	ϕ400～ϕ600
(一)	折旧费	元	122.43	0.24	2.17	5.30	8.26	33.83	17.38	11.65
	修理费	元	67.21		8.90	13.28	16.73	59.09	21.14	29.33
	安拆费	元	5.28		0.53	0.78	1.02	3.95	0.14	0.32
	小计	元	194.92	0.24	11.60	19.36	26.01	96.87	38.66	41.30
(二)	人工	工日	1.00		2.00	2.00	2.00	2.00	1.00	1.00
	汽油	kg								
	柴油	kg								
	电	kW·h	239.50		18.00	26.00	53.00	123.90	23.25	36.55
	风	m^3		311.85						
	水	m^3								
定额编号			8121	8122	8123	8124	8125	8126	8127	8128

续表

项目		单位	普通车床	单柱立式车床		摇臂钻床		立式钻床		牛头刨床
			规格/mm							
			ϕ600～ϕ800	ϕ750～ϕ1250	ϕ1250～ϕ1600	ϕ20～ϕ35	ϕ35～ϕ50	ϕ13	ϕ25	B650
（一）	折旧费	元	29.04	62.87	96.78	15.13	16.87	2.71	6.00	19.83
	修理费	元	30.51	57.02	92.97	11.99	16.15	4.76	4.51	22.84
	安拆费	元	0.40	0.53	0.99	0.15	0.21		0.10	1.89
	小计	元	59.95	120.47	190.74	27.27	33.23	7.47	10.61	44.56
（二）	人工	工日	1.00	2.00	2.00	1.00	1.00	1.00	1.00	1.00
	汽油	kg								
	柴油	kg								
	电	kW·h	51.90	77.32	106.30	12.80	21.95	9.85	8.25	12.20
	风	m^3								
	水	m^3								
定额编号			8129	8130	8131	8132	8133	8134	8135	8136

续表

项目		单位	插床	弓锯床	大带锯	圆盘锯	带锯机	锯槽机	双面刨床	平面刨床
			B5032	G7116				KT－25		
(一)	折旧费	元	12.09	3.02	16.15	1.39	15.09	105.48	4.70	2.43
	修理费	元	26.79	4.85	19.28	8.12	18.87	152.97	6.78	4.78
	安拆费	元	1.67	0.31	1.03	0.40	2.44	48.50	1.03	0.34
	小计	元	40.55	8.18	36.46	9.91	36.40	306.95	12.51	7.55
(二)	人工	工日	1.00	1.00	3.00	2.00	1.50	2.50	1.00	1.00
	汽油	kg								
	柴油	kg								
	电	kW·h	24.15	3.05	51.50	32.98	61.45	138.00	39.80	18.80
	风	m^3								
	水	m^3								
定额编号			8137	8138	8139	8140	8141	8142	8143	8144

续表

项目		单位	开榫孔	龙门刨床		电焊条烘干箱 长×宽×高/(mm×mm×mm)	水磨石机	小型带锯	氩弧焊机
				BQ2010	B2016A-S	600×500×750			≤500A
(一)	折旧费	元	8.49	44.52	222.14	8.09	0.67	6.62	11.04
	修理费	元	14.29	74.87	262.29	6.60	2.45	7.15	10.25
	安拆费	元	0.91	4.71	19.52		0.26	0.48	8.18
	小计	元	23.69	124.10	503.95	14.69	3.38	14.25	29.47
(二)	人工	工日	1.00	2.00	2.00		1.00	2.00	1.00
	汽油	kg							
	柴油	kg							
	电	kW·h	29.55	43.43	322.60	16.75	9.90	2.63	57.60
	风	m^3							
	水	m^3							
定额编号			8145	8146	8147	8148	8149	8150	8151

续表

项目		单位	咬口机	折方机	手持式坡口机	台钻	压力滤油机	真空滤油机	集油器	吊顶冷风器
			板厚/mm							
			1.5	4mm×2000mm	2kW	Z4016	150 型	≤100L/min	JY-300	GL170
（一）	折旧费	元	9.50	17.63	10.41	1.03	5.71	28.35	0.70	6.37
	修理费	元	5.50	12.18	5.28	1.66	2.01	25.15	1.38	7.27
	安拆费	元					0.71	3.66	0.40	2.31
	小计	元	15.00	29.81	15.69	2.69	8.43	57.16	2.48	15.95
（二）	人工	工日				1.00	1.00	1.00		
	汽油	kg								
	柴油	kg					5.00	119.00		
	电	kW·h	6.00	11.00	6.50	1.67	7.50	105.33		
	风	m^3								
	水	m^3								
定额编号			8152	8153	8154	8155	8156	8157	8158	8159

续表

项目		单位	X光探伤机	吹风机 排风量/(m^3/min)	鼓风机/(m^3/min)	压力机	液压弯管机	液压注浆机	剪板机 厚度×宽度/(mm×mm)	
			TX-2505	≤4	18	100t	ϕ300	HYB60-50-1型	6.3×2000	20×2000
(一)	折旧费	元	26.14	4.51	26.12	22.68	18.09	52.12	10.17	93.89
	修理费	元	37.06	2.33	19.34	6.27	12.49	16.94	13.96	14.54
	安拆费	元	1.51	4.53	3.87		4.97	8.20	0.70	1.45
	小计	元	64.71	11.37	49.33	28.95	35.55	77.26	24.83	109.88
(二)	人工	工日	1.00			1.00	1.25	2.00	2.00	2.00
	汽油	kg								
	柴油	kg								
	电	kW·h	8.03	44.60	215.00	25.08	76.50	15.63	37.36	63.38
	风	m^3								
	水	m^3								
定额编号			8160	8161	8162	8163	8164	8165	8166	8167

续表

项目		单位	剪板机	手持式砂轮机	台式砂轮机	对接熔接机				
			厚度×宽度/(mm×mm)	砂轮直径/mm		液压 RJQ				
						管径/mm				
			30×2000	ϕ150 以内	ϕ250	≤63	≤160	≤250	≤315	≤450
(一)	折旧费	元	178.13	2.72	2.91	0.53	0.60	0.73	0.88	1.71
	修理费	元	24.36			0.29	0.39	0.44	0.51	0.66
	安拆费	元				0.25	0.25	0.25	0.25	0.25
	小计	元	202.49	2.72	2.91	1.07	1.24	1.42	1.64	2.62
(二)	人工	工日	1.25							
	汽油	kg								
	柴油	kg								
	电	kW·h	88.52	4.92	4.70	1.50	1.80	3.20	4.10	7.00
	风	m^3								
	水	m^3								
定额编号			8168	8169	8170	8171	8172	8173	8174	8175

续表

项目		单位	对接熔接机 液压 RJQ 管径/mm	电熔管件熔接机	除锈喷砂机	电弧喷锌机	振动沉模设备	潜水设备	水力冲挖机组排泥管 管径×长度/(mm×m)
			≤630		$3m^3/min$				100×100
(一)	折旧费	元	2.49	2.96	11.77	23.20	499.12	24.38	5.6
	修理费	元	1.64	1.88	7.97	14.09	438.94	45.48	1.12
	安拆费	元	0.25	0.25	3.04	9.21		5.12	
	小计	元	4.38	5.09	22.78	46.50	938.06	74.98	6.72
(二)	人工	工日					2.50	12.00	
	汽油	kg							
	柴油	kg							
	电	kW·h	10.40	0.80		17.22	378.00		
	风	m^3			585.00				
	水	m^3							
定额编号			8176	8177	8178	8179	8180	8181	8182